全民科学素质行动计划纲要书系

U0396404

大开眼界

——走进科技前沿 2019

广西科学技术协会　编著

广西科学技术出版社

图书在版编目（C I P）数据

大开眼界 : 走进科技前沿. 2019 / 广西科学技术协会编
著. — 南宁 : 广西科学技术出版社，2019.12
　　ISBN 978-7-5551-1310-2

　Ⅰ. ①大… Ⅱ. ①广… Ⅲ. ①高技术—青少年读物
Ⅳ. ①N49

中国版本图书馆 CIP 数据核字（2020）第 001533 号

DAKAIYANJIE　ZOUJIN　KEJI　QIANYAN　2019
大开眼界——走进科技前沿 2019

广西科学技术协会　编著

责任编辑：饶　江　　　　　　　　　　助理编辑：陈正煜
责任校对：马月媛　　　　　　　　　　装帧设计：张月娥
责任印刷：韦文印

出 版 人：卢培钊　　　　　　　　　　出版发行：广西科学技术出版社
社　　址：广西南宁市东葛路 66 号　　邮政编码：530023
网　　址：http://www.gxkjs.com

经　　销：全国各地新华书店
印　　刷：广西昭泰子隆彩印有限责任公司
地　　址：南宁市友爱南路 39 号　　　邮政编码：530001
开　　本：890mm×1240mm　1/32
字　　数：63 千字　　　　　　　　　印　　张：3.25
版　　次：2019 年 12 月第 1 版　　　印　　次：2019 年 12 月第 1 次印刷
书　　号：ISBN 978-7-5551-1310-2
定　　价：50.00 元

编委会

前　言

　　"历史经验表明，科技革命总是能够深刻改变世界发展格局。"

　　"创新始终是推动一个国家、一个民族向前发展的重要力量，也是推动整个人类社会向前发展的重要力量。"

　　习近平总书记的一系列讲话，深刻阐述了科技创新能使人类的生活更美好，并推动社会更快速地向前发展。

　　阅读科普图书，了解当今世界科技发展的热门动态，知晓最新的科技成果，能开阔我们的视野，打开我们的创造思维，提高我们的科学素养，培养我们的科学精神和理性思维，并引导我们对科学进行探究。《大开眼界——走进科技前沿2019》一书以浅显易懂、图文并茂的方式讲述知识，力求为广大青少年读者带来一场全新的科普阅读盛宴。全书共包括5G技术、材料科学、航天及太空探测、人工智能、生态科技、新能源、医疗新科技、装备制造业这八个板块的内容，基本囊括了人们日常关注的热点前沿科技内容，希望青少年读者们能从中吸收新的科学营养。

　　本书由广西科学技术协会策划和组织编写，主要

1

内容由广西科学技术普及传播中心与广西北科传媒有限公司具备较强科技新闻采写能力的记者和具有科普图书出版经验的编辑共同完成。

希望本书的出版能促使广大青少年读者读科学、爱科学、用科学，并形成正确的科学价值观。本书涉及的科学领域较多，错漏、不当之处在所难免，恳请广大读者批评指正。

编著者

2019 年 12 月

目　录

5G 技术:万物互联手拉手

1 5G 来了,你了解它吗……………………1

2 5G 的"前辈"们……………………2

3 5G 特点大揭秘……………………6

4 你的生活,有 5G 技术帮忙 ……………8

5 走进 5G 技术的未来……………12

材料科学:行业发展助推器

1 揭开材料科学的神秘面纱……………14

2 这些材料科学研究方法你了解吗……………14

3 生活中的材料科学……………16

4 材料科学研究的未来……………17

航天及太空探测:飞到太空去探险

1 航天发展大事记……………24

2 前进中的中国航天……………26

3 当心!太空环境很恶劣……………30

4 探索太空,人类有办法……………30

5 未来航天,让人期待……………37

1

人工智能：最强大脑机器人

1 人工智能的定义 …………………………… 38

2 人工智能的研究价值 …………………………… 39

3 研究人工智能，先掌握多学科知识 …………… 40

4 人工智能运用大盘点 …………………………… 41

5 人工智能的发展方向 …………………………… 46

生态科技：人与自然更和谐

1 走进生态科技 …………………………… 47

2 当科技"穿上"生态的外衣 …………………… 48

3 生态科技知多少 …………………………… 49

4 生态科技应用领域多 …………………………… 51

5 生态科技发展的优势 …………………………… 54

新能源：清洁环保可再生

1 什么能源配称"新" …………………………… 58

2 新能源，新特性 …………………………… 60

3 新能源家族成员 …………………………… 60

4 新能源行业发展 …………………………… 66

医疗新科技：智能医疗暖人心

1 医疗科技年年有进步 …………………………… 68

2 高科技走进医院，走近患者 …………………… 69

3 医疗新科技产品 …………………………… 73

4 医疗新科技与医生 …………………………… 78

装备制造业:工业科技排头兵

1 什么是装备制造业·····················**80**

2 装备制造业八大领域·····················**81**

3 装备制造业的三大"密集"·················**81**

4 装备制造业发展趋势·····················**82**

5 我国装备制造业的成就·················**86**

5G 技术:
万物互联手拉手

2019 年 6 月 6 日,一个令人振奋的消息从我国工业和信息化部(简称"工信部")传出,商用 5G 技术获得了在中国行走的"身份证"——5G 商用牌照,这标志着我国正式进入 5G 商用元年。在 10 月 31 日举行的 2019 年中国国际信息通信展览会上,工信部与中国移动、中国联通、中国电信举行 5G 商用启动仪式。三大运营商正式公布 5G 套餐,并于 11 月 1 日正式上线 5G 商用套餐,这意味着寻常百姓都能享受到 5G 服务。

1 5G 来了,你了解它吗

5G,全称"第五代移动通信技术",它是最新一代的蜂窝移动通信技术,基于前四代移动通信技术发展而来。

它的数据传输速率远远高于以前的网络,最高可达每秒 10 G,比当前的有线互联网快,更比先前的 4G 蜂窝网络快 100 倍。

除了"快"这一优点,工信部的研发人员还测试出它另一个显著优点——较低的网络时延 (更短的响应时间),5G 的响应时间低于 1 毫秒,而 4G 的响应时间为 30~50 毫秒。

由于数据传输更快,5G 网络不仅能更好地为手机提供流畅的服务,还将在无人驾驶、远程医疗等领域发挥不可替代的作用。未来,5G 将会渗透到我们生活的方方面面。

5G 公交车

2019 年 10 月 31 日，成都公交集团和中国电信联合组织全国首台 5G 公交车市民开放日活动。市民不但能在车里体验电信 5G 交互式网络电视、了解政务服务，还能通过 5G 网络播放 16 路高清视频，观景听歌；戴上 VR(Virtual Reality，虚拟现实)眼镜，还可以欣赏成都宽窄巷子等地的实时景象以及体验超低时延下的 5G+VR 游戏。

2 5G 的"前辈"们

5G 技术能以如此快的速度发展至今，离不开 1G、2G、3G、4G 等"前辈"。现在我们一起来看看它们的成长过程。

现代移动通信技术以 1986 年 1G(第一代移动通信技术)的诞生为标志，经过三十多年的爆发式增长，现代移动通信技术极大地改变了人们的生活方式，成为推动社会发展的最重要动力之一。

从 1G 时代到 5G 时代，现代移动通信技术在漫长的发展历程中经历了怎样的变革？让我们一起了解一下吧。

1G 时代："大哥大"，我最威

最能代表 1G 时代特征的，是美国摩托罗拉公司在 20 世纪 90 年代推出并风靡全球的"大哥大"，即移动手提式电话。"大哥大"依赖于 1G 技术的成熟和应用，一经推出便流行开来。

然而，1G 通信也存在很多弊端，如保密性差、系统容量有限、设备成本高、只能进行通信却无法进行数据传输等。由于受到传输带宽的限制，1G 通信只能形成一种区域性的移动通信系统，不能进行移动通信的长途漫游，也不能上网。

"大哥大"

2G 时代：手机网络破壳而出

1994 年，当时的中国邮电部部长吴基传用诺基亚 2110 拨通了中国移动通信史上第一个 GSM 电话。从那之后，中国开始进入 2G 时代。2G 技术虽然仍定位于语音业务，但是已开始引入数据业务，采用数字数据传输，手机可以收发短信、上网了。

1994 年，诺基亚 2110 问世

3G 时代：移动多媒体诞生记

自 2000 年日本率先开通 3G 业务之后，世界各国纷纷跟进。相比于 2G，3G 依然采用数字数据传输，但通过开辟新的电磁波频谱、制定新的通信标准，使得 3G 的传输速度可达每

苹果 3G 手机

秒 384K,在室内稳定环境下甚至达到每秒2M的水准,是 2G 时代的 140 倍。由于 3G 采用更宽的频带,信息传输速度获得大幅提升,信息传输的稳定性也进一步提高,大数据的传送变得更为普遍,移动通信能够有更多样化的应用,因此 3G 被视为是开启移动通信新纪元的关键。

4G 时代:移动互联网时代来临

2013 年 12 月,工业和信息化部宣布向中国移动、中国电信、中国联通颁发了第四代数字蜂窝移动通信业务(LTE/TD-LTE)经营许可,也就是 4G 商用牌照。如今,4G 已经像水、电一样成为我们生活中不可缺少的一部分,我们无法想象

工作人员展示 4G 传输速度

离开手机的生活。4G 的出现,使人们进入了移动互联网时代。

5G 时代:万物互联,指尖零距离

5G 不同于传统的几代移动通信,它代表着更高的速率、更大的带宽、更强的能力,代表着一个多业务、多技术融合,面向业务应用和用户体验的智能网络,更代表着一个以用户为中心的信息生态系统。

	速率	时延	连接数	移动性
4G	每秒 100M	30~50 毫秒	10 000	每小时 350 千米
5G	每秒 10G	1 毫秒	1 000 000	每小时 500 千米
差距	100 倍	30~50 倍	100 倍	1.5 倍

万物互联信息生态系统

不光是速率方面,在时延、连接数以及移动性上,5G 也比 4G 厉害。从时延性上来说,5G 的时延大大降低,这对于很多实时应用的影响很大,比如说游戏、视频和数据通话、自动驾驶。5G 每平方千米的最大连接数是 4G 的 100 倍,支持的最高移动速度是 4G 的 1.5 倍。

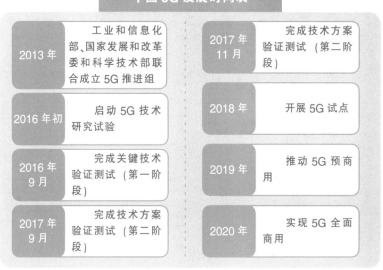

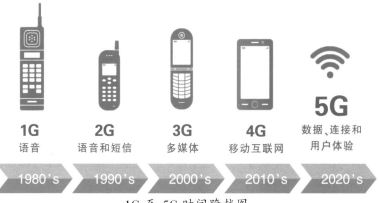

1G 至 5G 时间跨越图

3 5G 特点大揭秘

高速度

5G 的特点首先就是"快",高清电影可以在 1 秒钟之内下载完毕。

5G 场景下的人们

小基站

基站即公用移动通信基站,是移动设备接入互联网的接口设备,也是无线电台站的一种形式,是指在一定的无线电覆盖区中,通过移动通信交换中心,与移动终端之间进行信息传递的无线电收发电台。

小基站体积小、能耗低,它最显著的功能是实现移动网络架构重构与运营成本控制。相比于目前的通信网络的宏基站(一般部署在通信铁塔),其发射功率和辐射范围小,同时产品部署灵活,平均功耗也远低于传统基站。未来的高频通信中,八成左右的流量将发生在室内,而小基站在室内环境中,包括小区、场馆、园区、车站、机场等,具有高度部署灵活性。因此,基于区域的小基站超密集组网有机会成为 5G 时代的主流模式。

5G 小基站

低功耗

为实现长时间的信息高速传输,必须要做到低功耗,研究人员为此做了大量的工作:软件方面,利用 AI 技术,动态调整节能参数,关闭部分空闲资源,在保证网络性能的同时,充分挖掘网络节能潜力;硬件方面,通过开发低功耗基站芯片,采用高集成基站设备和新式电源技术,实现基站节能。

低时延

国内外 5G 相关研究组织均对 5G 提出了毫秒级的端到端时延要求,理想情况下要达到 1 毫秒左右。目前我们所使用的 4G 网络的理想,端到端时延为 10 毫秒左右,实际为 30~50 毫秒。而3G 的端到端时延则达到几百毫秒。低时延使得 5G 能够在增强型移动宽带(eMBB)、高可靠低时延通信(uRLLC)、大规模机器通信(mMTC)这三大应用场景中大显身手。

5G 三大应用场景

4 你的生活, 有 5G 技术帮忙

自动驾驶汽车

使用 5G 技术的汽车车内布置

随着 5G 时代的到来，自动驾驶汽车之间信息互通共享的力度将显著加大，这有助于车辆快速应对突发紧急状况。比如一辆车行驶至交通事故区域或商业施工区域时，就能通过它们之间的互相"对话"功能，通知正在该区域行驶的其他车辆注意避开危险，大大提升了无人驾驶的安全性。

2019 年 3 月，国内首个智能网联汽车 5G 试点项目亮相博鳌亚洲论坛。智能网联汽车配备了激光雷达、高清摄像头等多种传感器系统，使车辆在自动驾驶过程中，可以做到遇到红灯缓慢刹车，遇到急转弯自动减速然后转向，遇到道路施工自动绕行。5G 技术将带动新一轮汽车科技革命。

公共安全和基础设施

5G 技术将使城市管理能够更有效、更快速地运作。公用事业公司将能够轻松地远程跟踪各项公共设施的使用情况，如传感器可以在排水受阻或路灯熄灭时立刻通知公共工程部门，让他们在第一时间接收到信息。

远程设备控制

5G 远程控制畅想图

得益于 5G 带来的低时延,设备的远程控制将成为现实。远程控制的主要目的是避免人员进入危险环境中所面临的风险,它将使具有专业技能的技术人员能够在世界上任何地方控制设备。

医疗保健

使用5G 技术的 uRLLC 组件将推动当今医疗方式的变革。由于 uRLLC 能比增强型移动宽带更进一步降低 5G 时延,因此为医疗领域打开了全新的大门。借助 5G 技术,未来将可能通过 AR(Augmented Reality,增强现实)技术实现远程精密手术,推动远程医疗的发展。

得益于 5G 技术的发展,mMTC 也将在医疗保健方面发挥关键作用。医院可以创建大规模的传感器网络来监控患者病情,医生可以通过 mMTC 了解患者情况,确定适当的治疗方案。

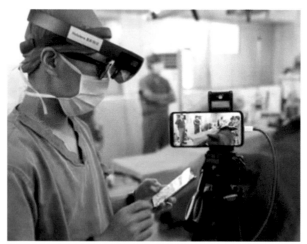

应用于医学手术中的 5G 技术

物联网

5G 最令人激动的是它对物联网的影响。

"作为推动智能化时代巨轮滚滚向前的强大动力,5G 将会给数据、算法、算力带来新的融合反应，推动更多智能化变革，开启万物互联时代。"联想集团董事长兼首席执行官杨元庆曾表示。

"5G 可以根据不同行业、用户需求，自动实现分门别类分配网络。"据大唐电信集团总工程师王映民介绍，5G 网络切片技术可以根据不同行业、用户需求，自动实现分门别类分配网络。例如，在一栋大楼内，有人通过网络进行远程医疗，有人使用微信聊天。而 5G 网络会通过自动计算，让远程医疗获得更快、更可靠的网络资源。

5G 万物互联构想图

5G 网络切片的典型特征

5 走进 5G 技术的未来

随着网络的普及，人们的工作、生活都离不开网络。当前，中国 5G 发展已经进入冲刺阶段，科研人员在搭建研发平台、强化政策保障、加强国际合作等方面做了许多工作，促进了 5G 领域扎实有序发展。作为一项跨时代的移动通信技术，5G 将构筑起万物互联的基础设施，赋予经济增长新动能，支撑智慧社会新发展。全球 5G 网络建设已进入肉眼可见的商用部署关键期。预计在 2020 年完成部署的高速移动 5G 网络，不仅意味着更快的互联网接入速度，也意味着整个工业应用将产生巨大革新。然而，我国 5G 商用仍然面临产业有待进一步发展、融合应用有待进一步深入等诸多挑战。5G 标准和产业链也还需完善，长期多样化的服务需求更要求 5G 技术的不断发展和创新。

5G 互动体验区

5G 智能技术产品展示

材料科学:
行业发展助推器

改善人们生活,增强国家实力,离不开材料科学;材料科学是实现中国梦不可或缺的组成部分。

——中国著名材料科学家,中国科学院、中国工程院资深院士,国家最高科学技术奖获得者师昌绪

文明的进步离不开各种工具的发明和使用,农业生产器械、军事武器、交通工具……正是这些工具的发展推动着文明的前进,而工具制造所需的材料和工艺最终要依靠材料科学的发展。根据不同时期铸造工具使用的不同材料,人类文明也被划分为石器时代、青铜时代、铁器时代,到现在的新材料时代。毫不夸张地说,人类文明史就是一部材料科技史。

新材料时代的代表之一——石墨烯的分子结构示意图

1 揭开材料科学的神秘面纱

材料科学的理论起源于启蒙运动,实践起源于冶金学的诞生。材料科学囊括了物理、化学和工程学等多学科知识,过去一直被视为这些学科的子学科。从 20 世纪 40 年代开始,材料科学获得了独立学科地位, 世界各技术大学在科学或工程学院内纷纷创建了专门的材料科学专业。

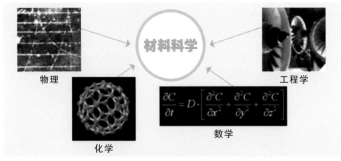

材料科学与其他学科的关系

2 这些材料科学研究方法你了解吗

材料必须通过合理的工艺流程才能体现它的实用价值, 通过批量生产才能成为工程材料。在将实验室的研究成果变成实用的工程材料过程中,材料的制备工艺、检测技术、计算机辅助设计起着重要的作用。

制备工艺

制备工艺是发展材料的基础。传统材料可以通过改进工艺提高产品质量、劳动生产率以及降低成本。新材料的发展与制备工艺的关系更为密切。许多性能优异、有发展前景的材料,如工程陶瓷、高温超导材料等,由于脆性和稳定性问题及成本太高而不能大量推广,这些问题都需要工艺革新来解决。因此,发展新材料必须把制备工艺的研究与开发放在十分重要的位置。现代化的材料制备工艺和技术往往与某些条件密切相联系,如利用空间失重条件进行晶体生长等。此外,强磁场、强冲击波、超高压、超高真空及强制冷却等都可能成为改进制备工艺的有效手段。

制造工艺是发展材料的基础

检测技术

材料科学的发展在很大程度上依赖于检测技术的提高。每一种新仪器和测试手段的发明,都对当时新材料的出现和发展起到了促进作用。

检测技术还是控制材料工艺流程和产品质量的主要手段,其中无损检测不但可以检查材料的宏观缺陷,还可监控裂纹的产生,为材料的失效分析提供了依据。

材料科学的检测技术

计算机辅助设计

利用计算机辅助设计是发展新型材料的重要手段。计算机的高速计算能力、巨大的存储能力和逻辑判断能力与人的创造能力相结合,可对材料设计提出创造性的构思方案;可从存储的大量资料中进行检索和方案比较;可在总体设计和局部设计中进行大量的、非常复杂的数学和力学计算;可对设计方案进行综合分析和优化设计,确定设计图样,提供组织生产的管理信息。

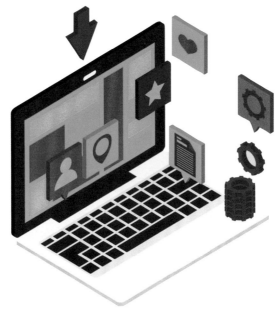

材料科学离不开计算机的帮助

3 生活中的材料科学

我们所生活的时代,从鱼钩、鱼线到飞机导弹,从未来车辆的轻质复合材料到清洁能源中的固体氧化物燃料,从用于卫星天线的形状记忆合金到应用于输电储能、解决高速计算机发热问题的超导材料，从应用于核磁共振仪的永磁材料到临床心外科手术使用的聚左旋乳酸材料，还有交通、能源、娱乐、医疗……这些都离不开材料科学的研究成果。

从长远来看，纳米技术、量子计算、核聚变以及医疗骨替代材料的发展，同样需要材料科学的推动。

应用新材料的天线

4 材料科学研究的未来

2019 年，美国国家科学院发布了针对材料研究的第三次十年调查《材料研究前沿：十年调查》报告。这次报告主要评估了过去十年中材料研究领域的进展和成就，确定了 2020—2030 年材料研究的挑战和新方向，并提出了应对这些挑战的建议。报告指出，发达国家和发展中国家在智能制造和材料科学等领域的竞争将在未来十年内加剧。报告认为材料研究的机遇包括九个方面：

热管理材料

热管理材料近年来成为研究热门。在高需求的设备及其应用中,热能使用效率的提高会对能源的使用产生重大影响,需要加强能存储、转换、泵送和管理热能的材料的开发,热管理材料开发已成为涉及电池到超音速飞机等诸多领域的重要研究之一。

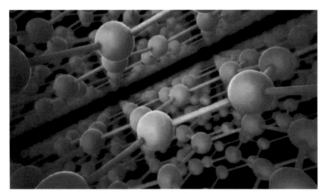

石墨类材料是热管理材料研究的对象之一

极端环境材料

极端环境材料是指在各种极端操作环境下能符合条件地运行的高性能材料,它一般是根据极端环境对材料的影响机制来进行

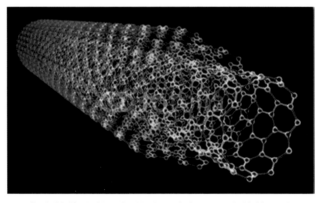

极端环境对材料的影响机制是开发极端环境材料的重要依据

设计，如利用对材料中与温度相关的纳米级变形机制的理解来改进合金的设计,利用对腐蚀机制的科学理解来设计新的耐腐蚀材料。

聚合物材料

聚合物材料可持续为技术领域提供独特的机遇和挑战，未来研究方向包括利用可持续材料制备新塑料的方法、高度天然丰富的聚合物的有效加工方式、稀土的高效使用、稀土替代品寻找和制备、稀土材料的回收和再利用、先进燃料电池的非铂催化剂等。

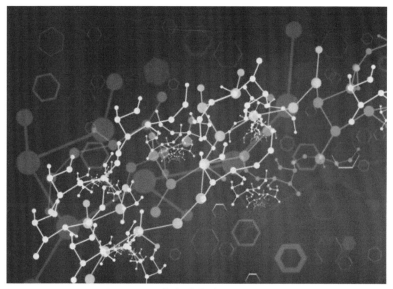

聚合物材料有着复杂的分子结构

医用材料

医用材料的开发一直是材料科学研究重点，近年来的研究方向包括:提升基于聚合物的纳米材料的设计,扩展至免疫工程等新应用;开发能进一步控制微纳结构以及提高设备和植入物的定制、一次成型和现场制造可能性的增材制造技术；发展基于聚合物的组织工程,以减少动物模型在药物测试和材料测试中的使用。

材料科学与医学的紧密联系

陶瓷与玻璃材料

陶瓷与玻璃材料应用十分广泛,研究已相当深入。该研究领域的新机遇包括:将缺陷作为材料设计的新角度,确定制造陶瓷的节能工艺,生产更致密和耐超高温的陶瓷,探索冷烧结技术产生的过渡液相致密化的基本机制;将玻璃作为储能和非线性光学器件的固体电解质,广泛应用于储能和量子通信,研究的热点材料包括具有飞秒激光写入特征的硅晶片、非线性光学材料等。

陶瓷玻璃材料制品的广泛应用

金属材料

未来，金属和合金领域的基础研究将继续推动新科技革命和对材料行为的更深入理解，从而产生新的材料设备和系统。未来十年金属材料有前景的研究领域包括：加工方法和材料组分创新，实现下一代高性能轻质合金、超高强度钢和耐火合金以及多功能高级建筑材料系统的设计和制造……

金属材料的研究从未离开人们的视野

半导体及其他电子材料

半导体及其他电子材料未来的工作重点将转向日益复杂的单片集成器件、功能更强大的微处理器以及充分利用三维布局的芯

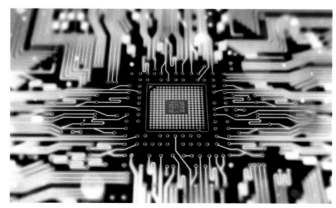

未来日益复杂的单片集成器件

片,这需要研发新材料,用于结合存储和逻辑功能的新设备、能执行机器学习的低能耗架构的设备、能执行与传统计算机逻辑和架构截然不同算法的设备。

量子材料

量子材料包括超导体材料、磁性材料等,未来有望实现变革性的应用,涵盖计算、数据存储、通信、传感和其他新兴技术领域。超导体材料方面的研究前沿是发现新材料、制备单晶、了解材料的分层结构及功能组件,研究重点包括研发可以预测新材料结构及性能的理论、计算、实验集成的工具。磁性材料可能会出现"磁振子玻色爱因斯坦凝聚"等新集体自旋模式,非铁金属制备的反铁磁体将成为未来自旋动力学领域的重点研究方向。

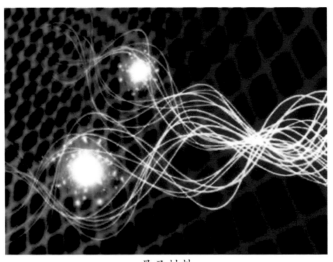

量子材料

结构化材料和超材料

结构化材料具有量身定制的材料特性和响应,使用结构化材料进行轻量化,可以提高能效、有效负载能力和生命周期性能以及生活质量。未来的研究方向包括开发用于解耦合独立优化特性的稳健方法、创建结构化多材料系统等。

超材料是设计出来的具有特定功能(磁、电、振动、机械等)响应的结构化材料,这些功能一般在自然界不存在。超材料的未来研究方向包括:制造用于光子器件的纳米级结构,控制电磁相位匹配的非线性设计,设计能产生负折射率的非电子材料,减少电子跃迁的固有损失。

航天及太空探测：飞到太空去探险

　　航天，又称空间飞行、太空飞行、宇宙航行或航天飞行，是指进入、探索、开发和利用太空（即地球大气层以外的宇宙空间，又称外层空间）以及地球以外天体各种活动的总称。

　　在茫茫宇宙中，地球十分渺小却有着得天独厚的条件。科学家们探测的结果表明，地球是太阳系中唯一适宜生命存在的天体，如果想要寻找其他智慧生物居住的星球，就需要飞出太阳系。人类对宇宙的认识和追求永无止境，广袤无垠的宇宙空间吸引着我们不断去探索发现。

1 航天发展大事记

　　目前可观测的宇宙年龄大约为 138.2 亿年，也就是说宇宙大爆炸的时间是 138.2 亿年前。相比宇宙漫长的历史，人类的历史显得十分短暂，但这并不能阻挡人类探索的脚步。那么，让我们来看看人类是怎么一步步走向太空的吧！

　　●1957 年 10 月 4 日，苏联采用 P-7 洲际导弹改造而来的卫星号运载火箭将人类第一颗人造地球卫星送入太空，开创人类的航天纪元。

　　●1961 年 4 月 12 日，苏联发射世界第一艘载人飞船东方一号。尤里·加加林少校乘东方一号飞船用了 108 分钟绕地球运行一圈后安全返回，他成为世界上第一位遨游太空的航天员。

●1969 年 7 月 16 日，装载阿波罗十一号飞船的土星五号运载火箭从美国肯尼迪航天中心点火升空，开始了人类首次登月的太空征程。美国宇航员尼尔·阿姆斯特朗、埃德温·奥尔德林、迈克尔·科林斯驾驶着阿波罗 11 号宇宙飞船跨过 38 万千米的征程，承载着全人类的梦想飞向月球。格林尼治时间 7 月 21 日 2 时 56 分，航天员阿姆斯特朗将左脚踏到月球上，成为世界上第一个踏上月球的人，与此同时他道出一句让许多人印象

尤里·加加林

尼尔·阿姆斯特朗

深刻的话："这是我个人的一小步，却是人类的一大步。"

●1998 年国际空间站正式建站，经过十多年的建设，于 2010 年完成建造任务转入全面使用，是迄今为止人类最大的空间站。目

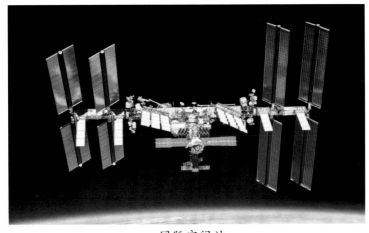

国际空间站

前,国际空间站主要由美国国家航空航天局、俄罗斯国家航天集团、欧洲航天局、日本宇宙航空研究开发机构和加拿大空间局共同运营。

●北京时间 2019 年 4 月 10 日晚 9 时许,包括中国在内,全球多地天文学家同步公布了首张黑洞照片,证实了神秘天体黑洞的存在,同时也证明了爱因斯坦广义相对论在极端条件下仍然成立。该黑洞位于室女座巨椭圆星系 M87 的中心,距离地球 5500 万光年,质量约为太阳的 65 亿倍。它的核心区域存在一个阴影,周围环绕一个新月状光环。

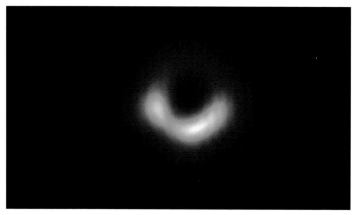

人类史上首张黑洞照片

黑洞是现代广义相对论中存在于宇宙空间中的一种天体。黑洞的引力极其强大,使得事件视界(黑洞最外层的边界)内的逃逸速度大于光速。故而,黑洞是"时空曲率大到光都无法从其事件视界逃脱的天体"。

2 前进中的中国航天

我国进行航天研究的历史要追溯到 20 世纪 70 年代初,比苏联和美国等国家稍晚一点。"航天"一词是钱学森先生首次创造,他把人类在大气层之外的飞行活动称之为"航天",是从航海、航空演变而来的,最初是因为读了毛主席的诗句"巡天遥看一千河"而获得启示。如今"航天"已成为耳熟能详的词汇,我国正在一步步地向太空迈进。

●1970年4月24日,我国发射了第一颗人造卫星东方红一号,它的成功发射标志着我国成为继苏联、美国、法国、日本之后世界上第五个用自制火箭发射国产卫星的国家。

东方红一号

●2003年10月15日,神舟五号飞船从酒泉卫星发射中心成功发射升空,将航天员杨利伟及一面具有特殊意义的中国国旗送入太空。它历时21小时23分后成功回到地球,是中国第一艘载人飞船。

●2011年9月29日,我国第一个空间实验室天宫一号在酒泉卫星发射中心成功发射升空。2011年11月3日,天宫一号与神舟八号飞船成功完成我国首次空间飞行器自动交会对接任务,并进行了

航天员杨利伟

二次自动交会对接。2012年6月18日,天宫一号与神舟九号飞船成功进行首次载人交会对接。2013年6月13日,天宫一号与神舟十号飞船成功完成自动交会对接。

●2017年4月20日,天舟一号在文昌航天发射中心由长征七号运载火箭成功发射升空。天舟一号货运飞船是由中国空间技术研究院研制的一款货运飞船,也是中国首款货运飞船。天舟一号的成功发射,宣告着中国航天迈进了"空间站时代"。

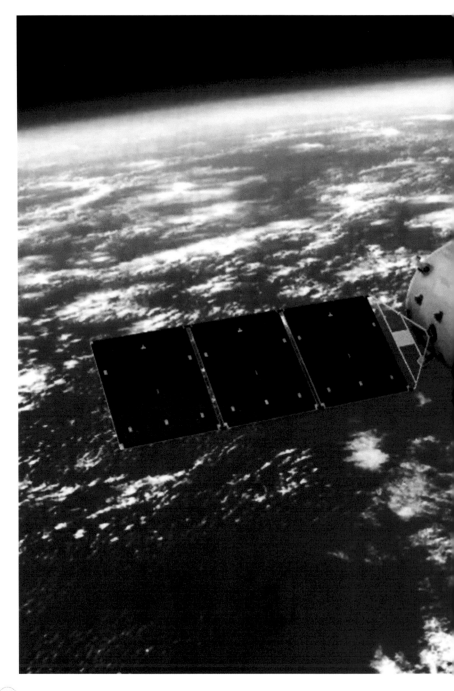

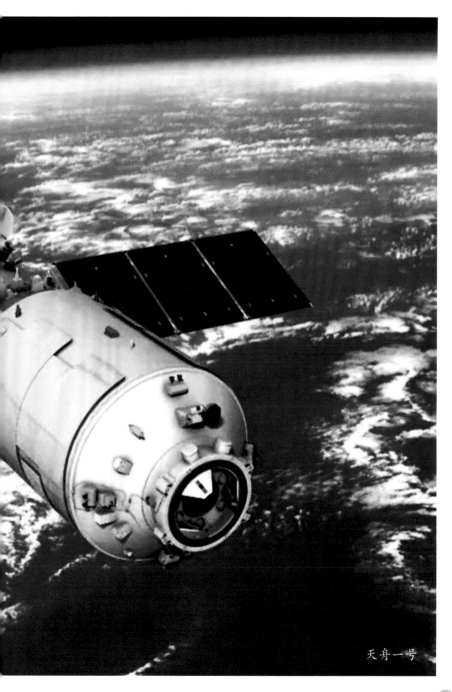

天舟一号

3 当心！太空环境很恶劣

　　在太空中，各种天体会向外辐射电磁波，许多天体还向外辐射高能粒子，形成宇宙射线。如太阳有太阳电磁辐射、太阳宇宙线辐射和太阳风。太阳在发生耀斑爆发时向外发射电磁辐射和各种高能粒子，形成太阳电磁辐射和太阳宇宙线辐射，日冕吹出的高能等离子体流则形成太阳风。许多天体都有磁场，磁场俘获上述高能带电粒子，形成辐射很强的辐射带，如在地球的上空，就有内外两个辐射带。由此可见，太空是一个强辐射环境。

　　不仅如此，太空还是一个高真空、微重力的环境，与地球全然不同。如果没有任何保护，宇航员暴露在这样的环境中，就会因为体内外巨大的压差而失去生命。太空是高寒的环境，平均温度为零下 270.3℃，在极低温的环境下，由于没有空气对流，航天器表面的温度会因为向阳和背阳的不同位置而产生巨大温差。因此，在太空中工作的宇航员们需要时刻小心自己所处的工作环境。

　　在如此恶劣且危机四伏的太空环境中，勇敢的宇航员们克服了各种各样的困难，在太空之中进行多种多样的科学研究，为我们收集了众多的信息，让我们能够学习有关地球之外的全新知识，开阔了眼界。

4 探索太空，人类有办法

　　太空探索是指以物理手段探索地球以外的物体，涉及到不断发展的航天技术。太空研究主要是通过各种不同功能的航天器来实施的。

人造卫星

人造卫星是环绕地球在空间轨道上运行的无人航天器。它可以分成三大类:科学卫星、技术试验卫星和应用卫星。

科学卫星是用于科学探测和研究的卫星,主要包括空间物理探测卫星和天文卫星,用于研究高层大气、地球辐射带、地球磁层、太阳辐射等,也可用于观察其他星体。我们所熟知的哈勃望远镜就属于科学卫星,科学家们利用它进行深空观察。

哈勃望远镜

技术试验卫星是进行新技术实验或为应用卫星进行实验的卫星。其中最令人瞩目的是生物卫星,它是用于空间生物学试验和研究的人造地球卫星,属于返回式卫星。生物卫星用于研究宇宙环境对生物生长、发育、代谢等方面的影响,为如何对太空中工作的宇航员们进行防护提供参考。

应用卫星是为在地球上生活的我们提供实际业务应用的卫星,科学家们可以通过气象卫星对地球及其大气层进行气象观测,我们可以通过通信卫星和远在千里之外的家人和朋友进行沟通交流。应用卫星是种类最多、发射数量也最多的人造地球卫星,它与我们的日常生活息息相关。

我国自主建设的北斗卫星导航定位系统，在地球外为我们提供着便捷的服务，它可以在自然灾害救援时为营救人员提供方位和定位，可以保护国内的野生动物，也可以为我们的日常出行提供地图导航服务等。

北斗卫星

2018 年 5 月 21 日在西昌卫星发射中心，长征四号丙运载火箭搭载着中继卫星"鹊桥"成功发射升空，"鹊桥"是我国首颗也是世界首颗地球轨道外专用中继通信卫星。

"鹊桥"中继卫星

"鹊桥"将搭建一座月球背面和地球之间的桥梁，实施地球与月球背面的通讯联系和月球背面的测控任务，配合未来软着陆在月球背面的嫦娥四号着陆器和月球车开展联合科学探测。

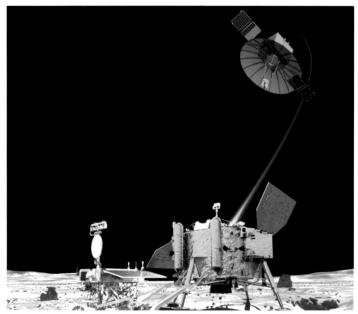

嫦娥四号探测器

2019 年 1 月 3 日 10 时 26 分，嫦娥四号探测器成功着陆在月球背面东经 177.6°、南纬 45.5°附近的预选着陆区，并通过"鹊桥"中继卫星传回了世界第一张近距离拍摄的月背影像图。

行星和行星际探测器

行星和行星际探测器是对太阳系内各行星及星际空间进行探测的无人航天器。人类源源不断的求知欲促使着我们发射越来越多的行星探测器，让我们更加了解自己身处的这个宇宙。

人类借助于天文望远镜观测行星圆面的细节，发现了土星环、木星卫星和天王星；借助万有引力定律和复杂的计算发现了海王星和冥王星；借助于近代照相术、分光术和光度测量技术对行星表面的物理特性和化学组成有了一定的认识。从 20 世纪 50 年代末起，美国、苏联两国即开始陆续发射行星探测器。

新视野号冥王星探测器

新视野号探测器是美国国家航空航天局于 2006 年 1 月 19 日发射的冥王星探测器，它的主要任务是探测冥王星及其最大的卫星卡戎(冥卫一)和探测位于柯伊柏带的小行星群。

新视野号经过近 10 年的飞行，行程约 50 亿千米，于美国东部时间 2015 年 7 月 14 日 7 时 50 分 (北京时间 7 月 14 日 19 时 50 分)成功从距冥王星 1 2500 千米处飞掠，成为人类首颗造访冥王星的探测器。

新视野号 2015 年 7 月 8 日拍摄的冥王星和卫星卡戎

中国火星探测计划

继月球之后，火星将成为我国开展深空探测第二颗星球，目前我国已提出环绕探测方案。

2020 年，中国探测器将奔向火星

2016 年 1 月 11 日,我国正式批复首次火星探测任务,我们自己的火星探测任务正式立项。2019 年 10 月 11 日,中国火星探测器首次公开亮相,暂命名为"火星一号",并计划于 2020 年发射。

针对火星的探测任务, 主要包括探索火星的生命活动信息,包括火星过去、现在是否存在生命,火星生命生存的条件和环境以及对生命起源的探测。

针对火星本体的科学研究,将包括对火星磁场、电离层和大气层的探测与环境科学研究,包括火星的地形、地貌特征与分区,火星表面物质组成与分布,地质特征与构造区划;对于火星内部结构、成分,火星的起源与演化也将进行进一步的研究和探索。中国月球探测工程首席科学家欧阳自远表示,在"为人类社会的持续发展服务"的总目标下,将探讨火星的长期改造与今后大量移民建立人类第二个栖息地的可能性。

当前的计划显示, 我国的火星探测将实行轨道器加火星车的联合探测方式,计划将在 2020 年实现在火星的着陆巡视,在 2030年实现从火星采样返回。

中国第一个火星探测器(着陆巡视器)外观设计构型图

空间站

空间站又称太空站,是一种在近地轨道长时间运行、可供多名航天员长期工作和生活的载人航天器。

2011 年 9 月 29 日,天宫一号从酒泉卫星发射中心发射,它是中国自主研制的首个载人空间试验平台。

天宫一号

2016 年 9 月 15 日,天宫二号在酒泉卫星发射中心成功发射,主要用于开展地球观测和空间地球系统科学、空间应用新技术和航天医学等领域的应用和试验。

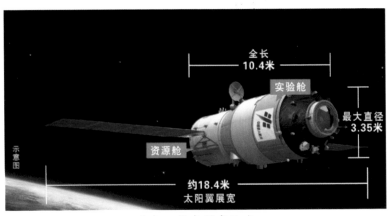

全长
10.4米

实验舱

最大直径
3.35米

资源舱

示意图

约18.4米
太阳翼展宽

天宫二号空间实验室

5 未来航天，让人期待

太空旅游

　　未来我们或许有机会能够到太空遨游，真切地体验一把太空中失重的感觉。在此之前已经有过几名太空游客；第一位太空游客为美国商人丹尼·斯蒂托，第二位太空游客为南非富翁马克·沙特尔沃思，第三位太空游客为美国人格雷戈里·奥尔森。目前太空旅游的花费非常昂贵，2019 年 10 月 28 日，全球首家太空旅游公司——维珍银河控股公司上市，它的旅游项目单人单次费用高达176 万元。随着科技逐步发展，科学家表示，未来的太空旅游将会面向大众，会提供多样化的有趣项目，游客的安全更能得到充足的保障。我们保持期待吧！

维珍银河太空港

宇宙移民

　　地球的能源日益枯竭，随着世界经济的发展及人口的不断增长。考虑到地球的长远发展，科学家们提出在宇宙空间寻找一个和地球相像且拥有适合人类居住的环境的星球，目前已经有众多科研机构在寻找适宜人类居住的星球。在未来，太阳系中的行星更有可能成为我们探索深空的中转站，为宇航员的远行提供充足的保障。

人工智能：
最强大脑机器人

近些年来，"人工智能"成了人们经常挂在嘴边的热门词。有专家表示：人工智能是一项战略型技术，正在对科技进步、产业变革、经济发展和社会治理进行全方位的渗透和赋能。

1 人工智能的定义

人工智能是研究、开发用于模拟、延伸和扩展人的智能的理论、方法、技术及应用系统的一门新的技术科学。

人工智能在计算机领域内，得到了越来越多的重视，在机器人、经济政治决策、控制系统、仿真系统中得到了应用。例如，繁重的科学和工程计算本来是要人脑来承担的，如今计算机不但能完成这种计算，而且能够比人脑做得更快、更准确，因此现在人们已不再把这种计算看作是"需要人类智能才能完成的复杂任务"。可见复杂工作的定义是随着时代的发展和技术的进步而变化的，人工智能这门科学的具体目标也随着时代的变化而发展。它一方面不断获得新的进展，另一方面又转向更有意义、更加困难的目标。

人工智能从诞生以来，相关理论和技术日益成熟，应用领域也不断扩大。可以设想，未来人工智能带来的科技产品，将会是人类智慧的"容器"。人工智能可以对人的意识、思维的信息过程进行模拟。人工智能不是人的智能，但能像人那样思考，也可能超过人的智能。

听听专家怎么说

尼尔逊教授对人工智能下了这样一个定义:"人工智能是关于知识的学科——怎样表示知识以及怎样获得知识并使用知识的科学。"

美国麻省理工学院的温斯顿教授认为:"人工智能就是研究如何使计算机去做过去只有人才能做的智能工作。"

人工智能是一门极富挑战性的科学,从事这项工作的人必须懂得计算机知识、心理学和哲学。

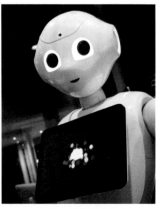

人工智能机器人

2 人工智能的研究价值

研究人工智能的一个主要目标是使机器能够胜任一些通常需要人类智能才能完成的复杂工作,如人脸识别等。

旅客正在通过人脸识别系统进入候车大厅

人工智能作为计算机科学的一个分支，主要发展方向是通过研究人员对智能的实质的了解，创造出一种新的能以人类智能相似的方式做出反应的智能计算机，主要研究对象包括机器人、语言识别、图像识别、自然语言处理和专家系统等。

通常，机器学习的数学基础是统计学、信息论和控制论，还包括其他非数学学科。这类"机器学习"对"经验"的依赖性很强。计算机需要不断从解决某一类问题的经验中获取知识，学习策略，在遇到类似的问题时，可以运用经验知识解决问题并积累新的经验，就像普通人一样。我们将这样的学习方式称之为"连续型学习"。但人类除了会从经验中学习之外，还会创造，即"跳跃型学习"。这在某些情形下被称为"灵感"或"顿悟"。一直以来，计算机最难学会的就是"顿悟"。或者再严格一些来说，计算机在学习和实践方面难以学会"不依赖于量变的质变"，很难从一种"质"直接到另一种"质"，或者从一个"概念"直接到另一个"概念"，难以通过"经验"进行"创造"。正因为如此，这里的"实践"和人类不同，人类的实践过程同时包括经验和创造。

"让机器像人类一样思考"是智能化研究者梦寐以求的。不过，计算机学家们应该斩钉截铁地剥夺"精于创造"的计算机过于全面的操作能力，否则计算机将可能"反捕"人类。

3 研究人工智能，先掌握多学科知识

用来研究人工智能的主要物质基础以及能够实现人工智能技术平台的机器就是计算机，人工智能的发展历史是和计算机科学技术的发展史联系在一起的。

除了计算机科学，人工智能还涉及信息论、控制论、自动化、仿生学、生物学、心理学、数理逻辑、语言学、医学和哲学等多门学科。人工智能学科研究的主要内容包括知识表示、自动推理和搜索方法、机器学习和知识获取、知识处理系统、自然语言理解、计算机视觉、智能机器人、自动程序设计等方面。

看来,研究人工智能可不是一件容易的事。所以,大家要努力学习哟!

人工智能是人类的助手

4 人工智能运用大盘点

机器视觉

简单说来,机器视觉是指用机器代替人眼来做测量和判断。典型的机器视觉应用系统包括图像捕捉、光源系统、图像数字化模块、数字图像处理模块、智能判断决策模块和机械控制执行模块。

机器视觉系统最基

机器视觉检测代替人眼检测

本的特点就是可以提高生产的灵活性和自动化程度。在一些不适于人工作业的危险环境或者人工视觉难以满足要求的场合,常用机器视觉来替代人工视觉。同时,在大批量重复性工业生产过程中,用机器视觉检测可以大大提高生产的效率和自动化程度。

如今,中国已成为世界机器视觉发展最活跃的地区之一,应用范围涵盖了工业、农业、医药、军事、航天、气象、天文、公安、交通、安全等国民经济的各个行业。

自动规划

自动规划是一种重要的问题求解技术。与一般问题求解相比,自动规划更注重于问题的求解过程,而不是求解结果。此外,规划要解决的问题,往往是真实世界的问题,而不是比较抽象的数学模型问题。由于自动规划系统具有上述特点,而且具有广泛的应用场合和应用前景,因而引起人工智能界的浓厚研究兴趣,并取得了许多研究成果。

在自动规划研究中,有的把重点放在消解原理上,有的采用管理式学习来加速规划过程,改善问题求解能力。日常生活中,我们应用最多的就是火车或汽车运输路径规划。

车载导航系统

自动驾驶汽车

自动驾驶汽车是一种通过电脑系统实现无人驾驶的智能汽车。它依靠人工智能、视觉计算、雷达、监控装置和全球定位系统协同合作，让电脑可以在没有任何人类主动的操作下，自动安全地操作机动车辆。

由百度和一汽红旗共同研发的国内首款L4级自动驾驶乘用车

我国的无人驾驶汽车研究已实现环境感知、全局路径规划、局部路径规划及底盘控制等功能的集成，从而使自动驾驶汽车具备自主"思考—行动"的能力，使之能完成融入交通流、避障、自适应巡航、紧急停车(行人横穿马路等工况)、车道保持等无人驾驶功能。

专家系统

专家系统是一个具有大量的专门知识与经验的程序系统，它应用人工智能技术和计算机技术，根据某领域一个或多个专家提供的知识和经验，进行推理和判断，模拟人类专家的决策过程，以便解决那些需要人类专家处理的复杂问题。简而言之，专家系统是一种模拟人类专家解决领域问题的计算机程序系统。

模拟人类专家解决领域问题的计算机程序系统

自然语言处理

自然语言处理是指用电子计算机模拟人的语言交际过程,使计算机能理解和运用人类社会的自然语言(如汉语、英语等),实现

可以与人类自由语言交流的智能机器人

人机之间的自然语言通信，从而代替人的部分脑力劳动，包括查询资料、解答问题、摘录文献、汇编资料以及一切有关自然语言信息的加工处理。这在当前新技术革命的浪潮中占有十分重要的地位。当前，研制第五代计算机的主要目标之一，就是要使计算机具有理解和运用自然语言的功能。

数据挖掘

数据挖掘一般是指从大量的数据中通过算法搜索隐藏于其中信息的过程。数据挖掘通常与计算机科学有关，并通过统计、在线分析处理、情报检索、机器学习、专家系统（依靠过去的经验法则）和模式识别等诸多方法来实现上述目标。

近年来，数据挖掘引起了信息产业界的极大关注，其主要原因是存在大量可以广泛使用的数据，并且迫切需要将这些数据转换成有用的信息和知识。获取的信息和知识可以广泛用于各种应用，包括商务管理、生产控制、市场分析、工程设计和科学探索等。

从大量的数据中通过算法搜索隐藏于其中信息

5 人工智能的发展方向

　　中国科学院院士、清华大学人工智能研究院院长张钹教授认为,目前基于深度学习的人工智能在技术上已经达到了顶峰。从长远来看,人工智能这条路,最终要走向人机协同,即人类和机器和谐共处的世界。未来需要建立可解释的人工智能理论和方法,发展安全、可靠和可信的人工智能技术。

生态科技：
人与自然更和谐

如今,科技发展十分快速,自然界里的许多规律和特征,已经被人们所熟知,人们利用这些规律和特征对自然进行了改造,为人类社会带来了进步;但科技并不是十全十美的,过度使用科技,会导致严重的生态危机。我们该怎样合理运用科技的力量,让人和自然的关系更和谐呢?

1 走进生态科技

生态科技是人们治理和控制环境污染的一种技术，可以推动社会可持续发展。科学家们将生态学的相关知识融入技术发明的过程中，让生态科技对人类社会有所助益。生态技术作为协调人与自然关系的"中间人"，是解决环境问题的关键性要素，有助于节约资源，维护生态系统的平衡。

生态科技协调人与自然的关系

2 当科技"穿上"生态的外衣

当科技"穿上"生态的外衣,变为生态科技时,会产生什么不一样的特点呢?

存在于我们生活中

生态科技融合了生态系统与科技系统的特点,在生产、生活及生态建设的各个领域都有它的身影,包括清洁生产、新能源、节能、环境治理、对生态环境的持续利用等。我们在生产生活中离不开生态科技,有了它的帮助,我们与自然相处会更加和谐。

生态科技让我们与自然能和谐相处

一名"调解者"

生态科技是一名优秀的"调解者",可以解决人与自然、社会与生态之间的矛盾。它遵循自然规律,对自然生态进行改造和保护,使自己的发展得到提升,以便更好地适应生态系统。虽然它的科技元素在一定程度上会影响自然生态的发展,但它能让我们更好地融入自然生态环境当中,满足社会发展的需要,与自然环境相协调。

与时俱进

生态科技发展的脚步，一直紧跟着经济、政治、文化的发展。在这个持续发展的社会，生态科技能够不断成熟，调整发展方向，离不开人们对生态问题的高度关注，它也成了人们开展科技活动时最关注的领域之一。总之，无论社会和自然出现什么需求和变化，生态科技都能及时顺应、维护生态系统，使它获得良性循环。

3 生态科技知多少

替代技术

替代技术就是开发新资源、新材料、新产品替代原有的资源、材料、产品，提高资源的利用效率，减轻生产过程中的环境压力。例如四氟乙烷，它得到了世界各国的认可，是目前主流的环保制冷剂。它取代了氟氯烃类的化学物质，不会破坏臭氧层，制作冰箱、空调、工业制冷等领域的制冷剂都离不开它。

制冷剂

减量技术

减量技术在工厂生产时，从源头上节约了材料，减少了污染的排放，控制了可污染材料的增加。例如一氧化碳(CO)再利用技术。一氧化碳在大气中分布广、数量多，是燃烧物体过程中产生的污染物之

一氧化碳分子结构

大气污染

一。在化工上,我们可以利用一氧化碳合成光气(碳酰氯)及系列产品,合成草酸酯、甲醇,制取氢气和二甲醚以及进行羰基合成等。

再利用技术

再利用技术将原料或产品循环利用,通过反复使用的方式减少资源消耗。例如我们熟知的废电池回收利用技术。废电池在回收后,会经过热处理、湿处理、真空热处理等环节,将电池中的金属物质剥离出来,可以回收锌、铜、氯化铵、二氧

废旧电池

化锰,以便于我们对这些化学物质进行二次利用。

资源化技术

资源化技术可以将生产过程中产生的废弃物转变为有用的资源或产品。例如城镇生活垃圾无害化、资源化仿生实时处理技术,它融合了垃圾处理与仿生技术,能迅速分解、消化垃圾中的有机

质,转化为植物需要的有机肥料;提取出生活垃圾中可以利用的那部分,更好地为农业服务。

垃圾分类有利于资源化利用

4 生态科技应用领域多

生态科技与大气污染

现在,经济社会快速发展,工业领域取得长足进步,人们的收入和生活水平不断提高,很多家庭都拥有了汽车,但大量汽车尾气排放也带来了严峻的大气污染问题。

因此,科学家们开始对车用环保汽油进行研究,针对尾气排放研发了催化剂,并大力推动研发和使用电动汽车等。

生态科技与农业种植

　　科学家们用生态技术研究出了传统农药的替代品，避免农药的化学物质滞留在土壤里，破坏土壤，影响之后的农作物生长，产生对人体有害的食物；采用大棚技术、生物技术、无土栽培技术等代替传统的耕作技术，更好地推动农业种植技术的革新。

无土栽培技术

海水稻

生态科技与生活垃圾

生活垃圾如果处理不当，会污染我们的地下水资源，给我们的日常生活造成极大的影响。现在，科学家们运用微生物，对我们日常的生活垃圾进行分解，让它们进行生物代谢，分解垃圾中的有机物，最后将它们制成有机肥料，使之可以再次投入农业生产，这种方式叫堆肥。堆肥主要分为好氧堆肥和厌氧堆肥。

好氧堆肥

好氧堆肥需要在有氧条件下，由好氧细菌对废物进行吸收、氧化、分解，微生物通过自身的生命活动，把一部分被吸收的有机物氧化成简单的无机物，同时释放出可供微生物生长活动所需的能量，而另一部分有机物则被合成新的细胞质，使微生物不断生长繁殖，产生出更多的生物体。

厌氧堆肥

厌氧堆肥需要在不通气的条件下，将有机废物（包括城市垃圾、人畜粪便、植物秸秆、污水处理厂剩余的污泥等）进行厌氧发酵，制成有机肥料，使固体废物无害化。由于堆温低，腐熟及无害化所需时间较长。

压缩垃圾箱

生活垃圾填埋场

5 生态科技发展的优势

解决了资源浪费和环境污染的问题

投入使用生态科技,能节约更多资源,便于循环利用,使它们最大限度地转换成产品,更好地提升我们的生活品质。

生态技术还能高效地回收利用废弃的物资,它把一个生产过程中的废品变成另一个生产过程的原料,让废弃物逐渐变得无害或少害,同时减少污染的排放,既提高了资源利用率,又保护了大自然,让人与自然能够和谐共处,用科技的力量维护着自然的生态平衡。

合理有效地利用不可再生资源,开发利用可再生资源

科学家们不断地开发新能源,例如太阳能、潮汐能、风能、地热能等,减少使用煤炭、木材、石油等能源,在不断提高现有资源利用率的同时,也在开发多种多样的清洁能源。

人们对绿色产品的需求越来越高，有助于生态文明建设

随着生态意识的提高，人们已经打破了以往陈旧的观念，大家对绿色生态产品越来越感兴趣，更热衷于绿色环保消费。大家在选择购买一件产品时更多地关心这些问题：产品是否有益于身心健康，是否会造成环境污染，是否为环保产品。这种消费方式能够影响市场，企业看到绿色消费能产生经济效益，会更多地采用生态技术，研发相关的绿色产品，这样有助于节能减排，造福人类。

生态科技的发展与我们的生活息息相关

发展生态科技有利于我们国家突破绿色贸易壁垒

绿色贸易壁垒产生于 20 世纪 80 年代后期，是指一些国家在国际贸易中以保护生态资源、生物多样性、环境和人类健康为借口，设置一些高于国际环保标准或绝大多数国家不能接受的苛刻条件，对外国商品采取限制或禁止措施。我国的企业要想在激烈的国际贸易中发挥更强的竞争力，就要发展生态科技，增加产品的生态技术含量。

生态科技城市构想图

新能源：
清洁环保可再生

　　大家知道吗？长期以来，石油、煤炭资源被国内外作为主要的能源。它们可不简单，给人们的生产生活提供了能源，使社会经济获得了快速发展。但它们也有另一面，会引发温室效应、粉尘污染以及资源短缺等问题。所以，要想真正实现可持续发展，就需要加快发展新能源产业。

煤炭资源

1 什么能源配称"新"

　　顾名思义，"新能源"是相对于"旧能源"（常规能源）的一种能源。目前，我们的常规能源主要包括水资源、煤炭、天然气和石油等能源类型。

　　新能源一般是指在新技术基础上加以开发利用的可再生能源。20世纪80年代，联合国召开了"联合国新能源和可再生能源会议"，并对新能源定义为：以新技术和新材料为基础，使传统的可再生能源得到现代化的开发和利用；用可再生能源取代资源有限、对环境有污染的化石能源，重点开发太阳能、风能、生物质能、潮汐能、地热能、氢能和核能等。

在我国，可以形成产业的新能源主要包括水能、风能、太阳能、核能等，截至 2019 年，我国水电、风电、光伏发电的累计装机规模均居世界首位。新能源产业的发展既有效地补充了能源供应系统，又对环境治理和生态保护起到重要作用，满足了人类社会可持续发展的需要。

发展清洁能源是维护人类美好家园的重要选择

绿色出行成为未来的发展趋势

2 新能源,新特性

①资源丰富,具备可再生特性,可供人类永续利用。

②能量密度低,开发利用需要较大空间。

③排放产物不含碳或含碳量很少,对环境影响小。

④分布广,有利于小规模分散利用。

⑤间断式供应,波动性大,对继续供能不利。

⑥除水能外,可再生能源的开发利用成本比化石能源高。

新能源新特性

3 新能源家族成员

人类社会的生存发展离不开能源,它关系到国计民生、国家战略的竞争力。从现在世界能源的格局来看,能源的供给与需求的关系总体上是缓和的,但是,新一轮能源革命已经开始,这代表着世界能源的格局正在出现调整,在此背景下,新能源研究意义重大。因此,近年来世界各国纷纷把目光投向了新能源,希望从中找到适合本国可持续发展的新方法。

不同的新能源各自都有哪些特点，未来我国在新能源方面有哪些展望,让我们一起来了解吧。

太阳能

太阳能一般指太阳光的辐射能量。太阳能主要利用了太阳能的光热转换、光电转换及光化学转换等三种方式。广义上的太阳能指地球上许多能量的来源,如风能、化学能、水能等,这些能量都由太阳能导致或转化而成。

利用太阳能的途径主要有两种:太阳能电池、太阳能热水器。太阳能电池是通过光电转换,把太阳光中包含的能量转化为电能;太阳能热水器利用了太阳光的热量加热水,并利用热水发电等。太阳能不仅清洁环保，还有很高的利用价值。

随着技术的进步,太阳能发电的使用成本会逐步下降。我国的光伏产业规模在逐步扩大，技术在逐步提升，未来光伏容量还将大幅增加。

我国南方光伏电站的太阳能电池阵列

风能

风能资源适合就地开发、就近利用,这是因为它分布广、能量密度低。但风能受气候条件影响较大,电力输出并不稳定。风大时能产生不少电力,一旦气候发生变化,风速下降,电力输出就会受到影响。

无论是总装机容量还是新增装机容量，风能在全球都保持着较快的发展速度,我国的风电累计装机容量已居世界第一。不过,受限于多种客观因素,风电入网的电价仍要高于火电,期待未来随着技术进步,能够合理协调好价格,让风电获得更好的发展,让风能得到更好的利用。

我国的海上风电机组

地热能

　　地热能是一种可再生的清洁能源,它储量大、清洁环保、用途广泛,而且发电稳定性好、可循环利用,高原地区利用地热能资源较多。与太阳能、风能等相比,地热能不受季节、气候、昼夜变化的干扰,分布也更为广泛、实用且更具竞争力。

高原上的地热能电厂

生物质能

生物质能是指太阳能以化学能形式贮存在生物质中的能量形式，它最初来自地球绿色植物的光合作用，可以转化为常规的固态、液态和气态燃料，是一种取之不尽、用之不竭的可再生能源。在世界许多国家，生物质能很早就被积极研究和开发利用，很多国家利用微生物，将甘蔗、甜菜、木薯等发酵制成酒精，酒精不仅燃烧完全、效率高，而且没有污染，用其稀释汽油可以得到"乙醇汽油"，而且制作酒精的原料丰富，成本低廉。据报道，巴西已经改装了国内几十万辆汽车，这些汽车用"乙醇汽油"或酒精为燃料，减轻了大气污染。此外，利用微生物可以制取氢气，这是开辟能源的又一个新途径。制造成本是目前制约生物质能应用的主要问题。

90%的
普通汽油

10%的
燃料乙醇

乙醇汽油

粮食及各种植物纤维加工

典型的生物质能——乙醇汽油

核电

核能具有清洁、稳定、高效的特点，在生产过程中没有碳排放，也没有粉尘、PM2.5等污染物排放，唯一的产物是核裂变产生的核废料。除了更换核燃料期间需停止反应堆外，核电站可以连续满功率运行，风、光、水等气候条件对它几乎没有影响。在核反应当中，核聚变产生的能量远远高于核裂变，并且核聚变的产物相较于核裂变产生的核废料危害更低。在现有的核裂变反应堆之外,核聚变反应堆的研究也在进行当中,相信不远的将来,使用核聚变反应堆的核电站也将走进我们的生活。

核电站

波能

波能即海洋波浪能,是一种取之不尽、用之不竭的无污染可再生能源。近年来,在各国的新能源开发计划中,就包括波能的利用。

澳大利亚波能发电厂的大型浮力促动器

尽管波能发电成本较高，需要进一步完善，但已经体现出它潜在的商业价值。日本的一座海洋波能发电厂已经运行8年。波能发电厂的发电成本虽然比其他发电方式高，但可以节省边远岛屿的电力传输费用。目前，美国、英国、印度等国家已建成几十座波能发电站，运行良好。

合成燃料

合成燃料也是化学能，这种新燃料把数种含能体能源通过化学变化进行合成。它的种类很多，有的是把煤、油页岩或沥青砂转变为合成石油或汽油，其中，南非等国一直在使用的费托合成法最引人注目。另一种是甲烷，从污水和淤泥中产生；还有酒精可以从特别栽培的作物和垃圾里提炼出来。

数种含能体能源是通过化学变化合成新燃料

氢能

氢能属于低碳能源，是公认的清洁能源，被视为21世纪最具发展潜力的清洁能源之一，氢气在氧气中燃烧生成水，不生成其他物质。制取氢气需要耗费大量电能，制取后长期储存氢气也存在不少技术难题，为此，科研人员进行了不懈努力。

制氢方面，利用风、光互补制氢，不仅解决了制取氢气需要的大量电能，也可以解决风电、光伏发电的消纳问题，还能够平衡系统出力，避免在利用可再生能源发电时冲击电网，同时丰富了可再生能源转化和输送的方式，提高了可再生能源的利用率。

储氢方面，由于氢原子核仅有一个质子，很容易穿透材料的分子间隙或者与材料分子结合，造成氢气损耗，能够降低氢气损耗的相关储氢合金已经在研发当中，相信不远的将来能够取得突破。

氢能将走进我们的生活

4 新能源行业发展

我国的前瞻产业研究院曾发布了一份《中国新能源行业发展前景与投资战略规划分析报告》，根据报告中的数据显示，我国在新能源领域可以分为三个发展阶段。

第一阶段到 2010 年，实现部分新能源技术的商业化。

第二阶段到 2020 年，大批新能源技术可以达到商业化水平，新能源占一次能源总量的 18% 以上。

第三阶段将全面实现新能源的商业化，大规模替代化石能源，到 2050 年在能源消费总量中达到 30% 以上。

我国加快培育和发展了不少战略性新兴产业，其中就有新能源产业。相信这个产业能把坚实的技术支撑和产业基础，投入到大规模的开发利用当中。

医疗新科技：
智能医疗暖人心

　　人类自诞生以来，就一直在与各种疾病作斗争。从神农尝百草，以亲身实践和探索的精神，奠定中国中医学的基础，到古埃及人以木头、皮制作脚趾假体，再到华佗首创使用麻醉剂进行外科手术，人类追求健康的道路充满了艰辛。近年来，伴随着科技进步，高科技在医疗行业的大量使用，给医疗行业带来了颠覆性的改变。让我们一起来回顾医疗科学发展史，一起了解医疗新科技的出现给人类带来的福音。

1 医疗科技年年有进步

　　从最广义的角度上看，医药和健康科技的历史是很久远的。医学发展年年在进步，除了医学人文方面的支持，科技的辅助也很重要，例如打预防针、激光治疗、X 光和断层扫描，这些先进的技术和仪器可不是一开始就拥有的，它们经历了一个从简单到复杂、从低科技到高科技的发展历程，当中凝聚了人类的智慧。

　　1816 年，听诊器被发明。

　　1895 年，第一张 X 射线透视照片诞生。

　　1948 年，塑料隐形眼镜出现。

1895 年，伦琴发现 X 射线

1955 年,超声波用于孕妇检测。

1958 年,第一台可植入人体的心脏起搏器问世。

1962 年,首例现代人工全髋关节假体手术置换成功。

1965 年,第一个专业的乳房 X 光检查设备诞生。

1972 年,CT(计算机 X 射线轴向断层扫描)诞生。

1977 年,第一张人类身体的磁共振扫描图片诞生。

1982 年,首例人造心脏移植手术成功。

1982 年首例人造心脏移植手术成功

1987 年,第一次对人类角膜进行激光手术。

1995 年,美国食品药品监督管理局批准了 LASIK(准分子激光原地角膜消除术)眼科手术。

2000 年, 美国食品药品监督管理局批准了第一个用于普通腹腔镜手术的机器人系统。

2004 年,美国食品药品监督管理局批准了 64 排螺旋 CT 扫描仪。

所有的这些医疗科技成果,都在推动医疗技术的进步,并改善着患者的健康,延长着人的寿命。

2 高科技走进医院,走近患者

物联网技术、3D 打印技术、医疗服务机器人、大数据、区块链技术是近些年在医疗科技领域运用较为成功与突出的高科技。我们主要介绍前三种技术。

物联网技术

　　物联网就是物物相连的互联网，它能突破时间和空间上的制约，让日常物品连接到互联网，并且互相通信。基于移动互联网和物联网的移动医疗正在成为医疗技术突破的另一个方向。每个人的日常健康管理、生病入院诊疗或是药品的生产，物联网都能像一张大网似的将它们包围起来，汇聚成一个信息点，让医生的诊疗工作更便捷，让患者得到更好的医治。这不但能降低医疗成本，甚至能改变整个医疗运作方式。

在物联网技术的帮助下，智能手机将成为人类的"私人医生"

依靠物联网技术，可实现对药品的智能化管理

3D 打印技术

在医疗领域，患者的个体差异明显、身体组织复杂，需要更为精准的个性化定制材料来进行辅助治疗。3D 打印技术在这一方面优势非常大，它凭借其个性化、小批量和高精度等优势，轻松解决了这个问题。3D 打印的医疗模型能让医生在手术前直观地看到手术部位的三维结构，帮助医生规划手术方案，提高手术的成功率。

2019 年，来自以色列特拉维夫大学的一支科研团队运用 3D 技术成功打印出了一颗具有细胞、血管、心室和心房的"人造心脏"，这是 3D 打印技术在医疗界运用的一项新突破。

人造心脏

2019 年 5 月，被视为全南非最顶尖的耳鼻喉科医师齐夫拉罗和他的团队成功运用 3D 打印技术，为病人量身打造了结构完全一致的人工中耳听小骨，包括锤骨、砧骨、镫骨，并进行了移植手术。这项医疗创新成为全世界第一个为失聪者带来恢复听力希望的案例，3D 打印医疗应用再创新纪录。

3D 打印听小骨

医疗服务机器人

医疗服务机器人是指用于医院、诊所的医疗或辅助医疗以及健康服务等方面的机器人。根据功能的不同，医疗机器人可分为外科手术机器人、外骨骼康复机器人和护理机器人。

右图里显示的是一个在国际上唯一能够开展四

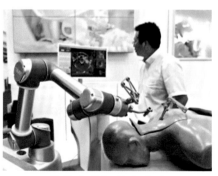

骨科手术机器人系统

肢、骨盆以及颈、胸、腰、骶脊柱全节段手术的骨科手术机器人系统，突破了多模影像配准、患者实时跟踪、路径自动补充等关键技术，填补了颈椎机器人手术的国际空白。其技术关键在于精度，精度是衡量手术机器人非常重要的技术指标。目前这款骨科手术机器人能够辅助手术，临床精度达到 0.8 毫米，术中辐射减少 70%，手术效率提高 20%以上。现如今已经在我国的 17 个省(自治区、直辖市)含 35 家医院进行常规临床应用，开展机器人辅助手术 3700 余例。有了这台机器人，就能更精准地定位，大大降低了手术难度和手术失误的发生几率。

"睿米"是神经脑外科机器人，它能化身脑外科手术的"GPS 系统"，帮助医生在不开颅的情况下定位到颅内的细微病变，实现精准的微创手术。2018 年 7 月，"睿米"在北京天坛医院功能神经外科张建国主任团队的配合下，完成首例国产机器人辅助 DBS(Deep Brain Stimulation，脑深部刺激术)手术。该手术难度堪称功能神经外科手术的"珠穆朗玛峰"，此次登顶标志着产品精度达到国际一流水平。

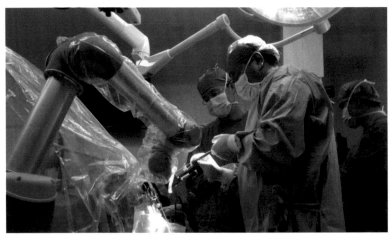

神经脑外科机器人"睿米"

3 医疗新科技产品

"Kang Watch"的智能血压手表

当步入中老年后，"三高"问题会时常伴随着年龄的增长而出现，而高血压这一疾病，更是司空见惯。相信有些同学家里就会有高血压患者存在，比如你的爷爷奶奶。"Kang Watch"智能血压手表的出现给众多高血压患者带来了福音。

"Kang Watch"智能血压手表

2018 年,在第 27 届国际高血压学会科学会议上,这款"Kang Watch"智能血压手表首次亮相,受到了与会者和医疗界的广泛关注。它聚合了国际领先的腕式气泵测量、动态血压自定义监测等

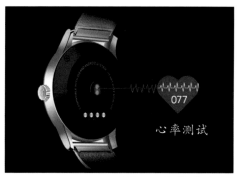

Kang Watch 里的"心血管风险人工智能评估系统"

创新技术,利用远程血压监测技术和最新的大数据处理中心,可以为高血压患者提供基于血压大数据的个性化高血压诊疗服务。与此同时,这款智能血压手表还搭载了"心血管风险人工智能评估系统",可以通过人工智能技术高效测算用户的心血管发病风险值,并通过与国内心血管医院专家团队合作,为用户提供动态血压报告远程判读服务,从而更早实现心血管疾病的预防。

目前,此项技术已获得国家市场监督管理总局的相关认证,这也是我国在智能可穿戴血压技术领域的一次非常重要的创新尝试。在不久的将来,大家的爷爷奶奶就能戴上这款智能血压手表,随时用来测量血压啦!

目诊仪

看到这个仪器名称的时候, 可能大家会以为这是一台检测眼睛疾病的仪器, 其实不然, 这是一台能够检测全身身体状况的仪器,通过眼像可以筛查糖尿病等疾病,是不是很神奇?

病人在用目诊仪诊断病情

这台新仪器基于传统中医目诊理论, 结合人工智能、无影成像、大数据分析等技术研发而成。它的外形酷似显微镜,通过眼睛检测来生成病情报告。眼睛与我们的五脏六腑有着千丝万缕的联系,所以通过观察眼睛可以检测到身体各个器官的健康状况。患者只需要将眼睛贴近仪器,照下十张眼像照片。仪器会自动对眼睛巩膜特征、眼部特征进行对比,并根据系统内部数据库,生成一份检查报告,让患者能够方便快捷地了解自己的身体状况。目前,该仪器已用于疾病的研究与筛查工作。

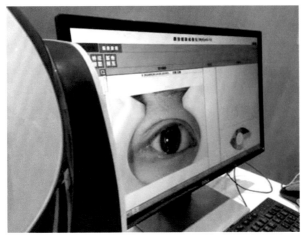

目诊仪检测生成图

可插入的心脏监护仪

监测患者的心律可以告诉临床医生很多关于个体可能出现症状的原因,并且做出最佳治疗方案。

这款植入式医疗设备被称为 Confirm Rx™ 可插入式心脏监护仪(ICM), 它可以持续监控心律,并通过智能手机与临床医生进行通信。它只有回形针大小, 不需要续航充电,可植入人体皮下,通常无须缝合。由于它支持蓝牙,因此可以使用智能手机应用程序,连接患者的智能手机并与之通信。患者如果有症状发作, Confirm Rx™ 设备可以及时记录下他们的心律,并在几分钟内向他们的医生提供有关该事件的信息。这意味着患者不

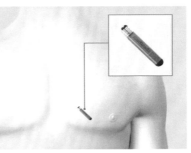

可插入心脏的心脏监护仪

Confirm Rx™ 可插入式心脏监护仪

需要在医生的办公室、医院或者其他医疗机构中监测，就可以跟普通人一样的过日常生活。

人体肺部气体磁共振成像系统

由于空气污染、吸烟等多种外部因素的侵蚀，我国肺部疾病的发病率逐年上升。研制出一台有效的仪器进行肺部诊断的早期治疗，是当前医学界的热点和难点。而这项临床医学难点，已经被我国的医学科研团队攻破了，就是中国科学院武汉物理与数学研究所波谱与原子分子物理国家重点实验室的周欣团队研发出的"人体肺部气体磁共振成像系统"。这台成像系统基于自主研发的科学仪器，研发人体肺部的快速成像新技术，实现了目前最快的肺部气体磁共振成像高分辨动态采样速率，为肺部重大疾病的早期诊断提供了新的利器。"气体磁共振成像法"成功"点亮"了人体肺部，获得了我国首幅人体肺部气体磁共振影像图，该技术不仅能无损伤、无辐射探测肺部结构，还能定量、可视化肺部的功能，是一种全新的肺部影像探测手段，对肺部疾病的早发现、早诊断、早治疗具有重要意义。患者只需要把制备好的氙气吸进去，再穿上一个"小马甲"，经过大约 6 秒钟的扫描就可以获得肺部磁共振影像。目前，该项技术已经在全国 12 家三甲医院开展临床试验。

医学研究人员在观测肺部检测图

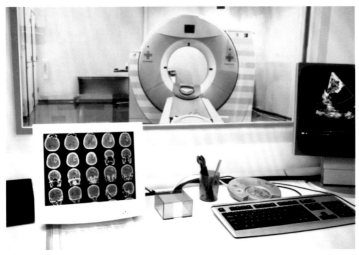

人体肺部气体磁共振成像仪器

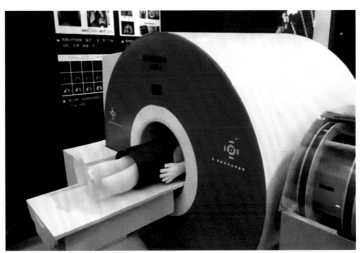

正在检测医学模具的成像仪器

无痛采血器

　　静脉采血是现今临床常用的提取化验标本的常用方法之一，有些人见到"一针见血"的场面就出现恶心呕吐、甚至晕厥等症状。

　　随着科学技术的发展，血检设备也得到了非常大的改善。

Seventh Sense Biosystems 公司发明了一个名为 TAP 的微针血液收集设备,它粘附在病人的皮肤上,并使用 30 微针和气压泵以抽取血液。研发人员声称在抽取血液的全过程中,它就像是给病人印章似的,悄悄地在病人的腕臂上盖一个章,就完成了刺血过程,整个过程几乎无痛还很有趣。只不过,它唯一的限制是抽取出来的血液样本必须在收集 6 小时内进行测试,这样检测出来的数据才是准确无误的。如今,TAP 无痛采血器已经上市,这意味着它将给人们带来更舒适的就医感受。

患者正在使用 TAP 无痛采血器

4 医疗新科技与医生

医疗新科技的快速发展,正在迅速改变整个医疗行业的运作方式。医疗新技术与医疗健康领域的不断融合,使它可以在医生的操控下完成一系列简单的医疗工作，也可以帮助医生从简单重复的工作中脱离出来，进行更深层次的医疗研究，两者是相辅相成的。但可以肯定的是，医疗新科技的发展离不开医疗技术手段的更新，离不开医生的手动操作，所以在未来，从医疗新科技中涌现出来的高科技，如医疗机器人、智能医疗系统都不会取代医生或其他医疗工作者，这一点是毋庸置疑的。

装备制造业：
工业科技排头兵

"装备制造业"这个概念，世界其他国家以及国际组织并没有提出过，可以说是中国独创的。1998 年，中央经济工作会议明确提出"要大力发展装备制造业"，"装备制造业"一词才正式出现。制造业的核心是装备制造业，对于装备制造业，人们的认识不尽相同，并没有公认一致的定义和范围界定。

1 什么是装备制造业

挖隧道的神器——盾构机

装备制造业尚无公认一致的定义和范围界定，一般是指为国民经济各部门进行简单生产和扩大再生产提供装备的各类制造业的总称，即"生产机器的机器制造业"。它是机械工业的核心部分，承担着为国民经济各部门提供工作母机、带动相关产业发展的重任，被誉为"工业的心脏"和"国民经济的生命线"，是支撑国家综合国力的重要基石。

2 装备制造业八大领域

C919 大飞机

按照国民经济行业划分，装备制造业的范围具体包括 8 个行业大类中的重工业：金属制品业，通用设备制造业，专用设备制造业，交通运输设备制造业，电气机械及器材制造业，通信设备、计算机及其他电子设备制造业，仪器仪表及文化办公用机械制造业，金属制品、机械和设备修理业。

3 装备制造业的三大"密集"

①资本密集：装备制造业企业需要很大的财力投入。
②技术密集：装备制造业的生产过程对技术和智力要素的依赖大大超过其他行业。

③劳动密集:装备制造业需要大量人力参与产品的制造过程。

大型客机发动机验证机

4 装备制造业发展趋势

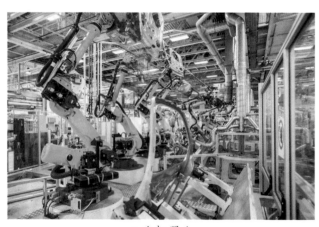

工业机器人

装备制造业目前趋向于两化融合，两化融合是指工业化和信息化的高层次的深度融合，其核心是以信息化为支撑,追求可持续化的发展模式。未来，装备制造业将在以下三个方面实现工业化与信息化更好地融合。

技术融合

技术融合指装备制造业内工业技术与信息技术的有机融合，一方面产生新的技术，另一方面推动技术创新。例如，计算机控制技术应用于工业，从而产生计算机工业控制技术等。

产业融合

产业融合指信息技术或产品渗透到装备类产品中，增加其技术含量。例如，汽车厂商将信息技术整合到汽车制造中，生成人机界面，以提高汽车生产平台的可操作性。

管理融合

管理融合指将信息技术应用到管理流程、业务流程和设计、制造的各个环节，推动装备制造业企业业务创新和管理升级。

汽车制造

知识链接

高端装备制造产业

它是生产制造高技术、高附加值的先进工业设施设备的行业集合。"高端"主要表现在三个方面：

第一，技术含量高，表现为知识、技术密集，体现多学科和多领域高精尖技术的继承；

第二，处于价值链高端，具有高附加值的特征；

第三，在产业链占据核心地位，其发展水平决定产业链的整体竞争力。

根据《国务院关于加快培育和发展战略性新兴产业的决定》明确的重点领域和方向，高端装备制造业主要包括五大细分领域：

①航空装备：大型客机、支线飞机、通用飞机、无人机及特种飞行器、航空发动机和航空配套装备等。

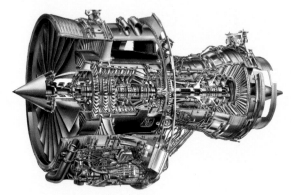

航空发动机

②卫星及应用：航天运输系统、应用卫星系统、卫星地面系统和卫星应用系统等。

③轨道交通装备：动车组及客运列车、重载及快捷货运列车、城市轨道交通装备、工程及养路机械装备、关键核心零部件等。

城市轨道交通

④海洋工程装备：半潜式钻井/生产平台、钻井船、自升式钻井平台、浮式生产储卸装置、起重铺管船等。

钻井船

⑤智能制造装备：高档数控机床、工业机器人与专用机器人、智能控制系统、智能仪表、智能化成形和加工成套设备等。

数控机床

5 我国装备制造业的成就

运-20 大型运输机

运-20, 绰号"鲲鹏", 是中国研究制造的新一代军用大型运输机, 由中国航空工业集团公司第一飞机设计研究院设计、西安飞机工业集团等制造。

该机作为大型多用途运输机, 可在复杂气候条件下, 执行各种物资和人员的长距离航空运输任务。与中国空军现役伊尔-76 相比较, 运-20 的发动机和电子设备有了很大改进, 载重量有所提高, 短跑道起降性能更加优异。

运-20 采用常规布局, 悬臂式上单翼、前缘后掠、无翼梢小翼, 最大起飞重量 220 吨, 载重超过 66 吨, 最大时速不小于 800 千米, 航程大于 7 800 千米, 实用升限 13 000 米。拥有高延伸性、高可靠性和安全性。运-20 作为大型多用途运输机, 可在复杂气候条件下, 执行各种物资和人员的长距离航空运输任务。

运-20 由中国数千家企业共同参与研制, 因此, 制造出统一标准的难度非常大。该机体现了中国大型飞机研制自主创新能力的巨大提升, 标志着中国与欧美国家航空工业先进技术水平的差距进一步缩小。

运-20 大型运输机

雪龙 2 号极地考察船

雪龙2号极地考察船

雪龙 2 号极地考察船是中国自主建造的第一艘破冰船，也是全球第一艘采用船艏、船艉双向破冰技术的极地科考破冰船，交付使用后将填补我国在极地科考重大装备领域的空白。

雪龙 2 号船长 122.5 米，船宽 22.3 米，吃水 7.85 米，吃水排水量约 13 990 吨，航速 12～15 节，续航力 2 万海里，自持力 60 天，载员90 人，能以 2～3 节的航速在为 1.5 米厚度冰、0.2 米厚度雪的海况下连续破冰航行，是一艘满足无限航区要求、具备全球航行能力、能够在极区大洋安全航行的具备国际先进水平的极地科学考察破冰船。

雪龙 2 号有以下几个特点。

一是符合国际最新规范。

二是安全性高，通过结构设计，具有很强的防寒能力，而且非常环保。

三是破冰能力强，它采用双向破冰设计，达到 PC3 级。

四是智能化，拥有智能机舱，便于直升机在甲板上起降；能通过传感器等设备进行船体全寿命监测。

雪龙 2 号船艇

复兴号动车组列车

复兴号动车组列车,英文代号为 CR,是中国标准动车组的中文命名。复兴号动车组列车是由中国铁路总公司牵头组织研制、具有完全自主知识产权、达到世界先进水平的动车组列车,是目前世界上运营时速最高的高铁列车。

"复兴号"试验时速可达 400 千米及以上,与"和谐号"相比,"复兴号"设计寿命更长,车内可随时充电、连接 WiFi。"复兴号 CR400"系列动车组的成功研制和投入运用,对于中国全面系统掌握高铁核心技术、加快高铁"走出去"具有重要战略意义。

与"和谐号"CRH 系列相比,"复兴号"高速动车组具有以下五大特点。

一是寿命更长。中国标准动车组在降低全寿命周期成本、进一步提高安全冗余等方面加大了创新力度。"复兴号"的设计寿命达到了 30 年,而"和谐号"是 20 年。

二是身材更好。采用全新低阻力流线型头型和车体平顺化设计,车型的线条看上去更优雅,跑起来也更节能。

复兴号

三是容量更大。从外面看"复兴号"身材更好了，但列车的容量更大了，其高度从3 700毫米增加到了4 050毫米。

四是舒适度更高。"复兴号"空调系统充分考虑减小车外压力波的影响，从而能在通过隧道或交会时减小乘客耳部的不适感；列车设有多种照明控制模式，可根据旅客需求提供不同的光线环境，另外，车厢内实现了WiFi网络全覆盖。

五是安全性更高。"复兴号"设置智能化感知系统，建立强大的安全监测系统，全车部署了2 500余项监测点，能够对走行部状态、轴承温度、冷却系统温度、制动系统状态、客室环境进行全方位实时监测。

行驶中的复兴号

北斗三号卫星导航系统

北斗三号卫星导航系统空间段由 27 颗中地球轨道卫星、5 颗同步轨道卫星、3 颗倾斜同步轨道卫星组成，提供两种服务方式，即开放服务和授权服务。

开放服务：在服务区内免费提供定位、测速和授时服务，定位精度为10 米，授时精度为 50 纳秒，测速精度为 0.2 米/秒。

授权服务：向授权用户提供更安全的定位、测速、授时和通信服务以及系统完好性信息。

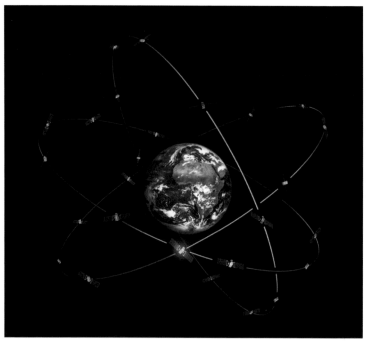

北斗导航卫星星座想象图

2018 年 11 月 19 日，我国在西昌卫星发射中心用长征三号乙运载火箭，以"一箭双星"方式成功发射第 42、43 颗北斗导航卫星。至此，我国北斗三号全球组网基本系统空间星座部署任务圆满完成，标志着中国北斗从区域走向全球迈出了"关键一步"；2018 年 12 月 27 日，北斗三号基本系统已完成建设，开始提供全球服务。

北斗三号卫星导航系统建设目标：为中国及周边地区的我国军民用户提供陆、海、空导航定位服务，促进卫星定位、导航、授时服务功能的应用，为航天用户提供定位和轨道测定手段，满足武器制导的需要，满足导航定位信息交换的需要。

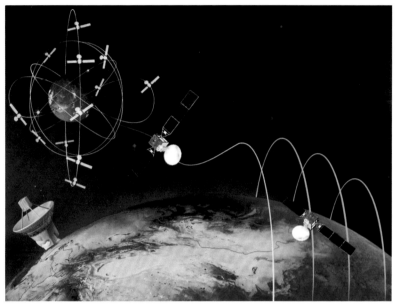

中国北斗卫星导航系统正逐步走向世界

"海洋石油 981"深水半潜式钻井平台

"海洋石油 981"深水半潜式钻井平台，简称"海洋石油 981"，是中国首座自主设计、建造的第六代深水半潜式钻井平台，是世界上首次按照南海恶劣海况设计的，能抵御 200 年一遇的台风。

"海洋石油 981"长 114 米，宽 89 米，面积比一个标准足球场还要大，平台正中是五六层楼高的井架。该平台自重 30 670 吨，承重量 12.5 万吨。作为一架兼具勘探、钻井、完井和修井等作业功能的钻井平台，"海洋石油 981"代表了海洋石油钻井平台的一流水平，其最大作业水深 3 000 米，最大钻井深度可达 10 000 米。

该平台的建成，填补了中国在深水装备领域的空白，标志着中

工作中的"海洋石油981"

运输中的"海洋石油981"

国在海洋工程装备领域已经具备了自主研发能力和国际竞争能力。

　　尽管与拥有数百年工业化历史的欧美发达地区相比，我国高端装备制造领域在自主创新能力、资源利用效率、产业结构水平、信息化程度、质量效益等方面还存在一定的差距。但整体来看，经过多年的发展，我国装备制造业形成了门类齐全、具有相当规模和技术水平的产业体系，在高端装备制造领域，总体上并不依赖于国外。尤其是在载人航天、载人深潜、大型飞机、北斗卫星导航、超级计算机、高铁装备、百万千瓦级发电装备、万米深海石油钻探设备等高端装备制造领域，更是取得了一系列重大技术突破。